30多種天然素材，24款四季皂方，
DIY專屬你的日本療癒系抗菌親膚皂

四季天然手工皂

おうちでかんたん！暮らしの手づくり石鹼レシピ帖

Hono（石鹼工房 HonoBono-Lab）著　葉韋利 譯

從我開始做手工皂,算一算已經有十年的歷史了。

當然,每天我都用自己做的手工皂,從頭到腳洗得乾乾淨淨。
而且不只是洗澡洗頭,
還包括了洗碗盤、打掃、洗衣服,全部都是使用手工皂。

仔細想想,
會突然發現,其實日常生活中充滿了「洗滌」。

就像媽媽每天為家人做飯般,
如果每天使用的皂也能輕鬆製作的話,一定很棒。
因為這樣的想法,於是誕生了這本書。

使用家中現有的器具,
拋開艱澀的理論,只要發揮一下你的想像力,
將一次採買的材料做各樣的組合與搭配,就能設計出多款皂方。

手工皂,每個人使用起來都會感覺溫和細緻。
它可以柔和洗淨身體。

正因為如此,我希望每個人都能輕鬆自在地製作手工皂。
願每一位讀者,都能擁抱舒適的手工皂幸福生活。

2013年10月7日　石鹼工房 HonoBono-Lab Hono

＊本書為《四季天然皂方帖:四季手工皂療癒系達人24款手工皂生活提案》改版書。

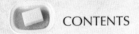 CONTENTS

002　前言

CHAPTER ① 手工皂基礎知識

008　什麼是手工皂？
010　製作手工皂的工具
012　製作手工皂的基本材料
014　製作手工皂的模具
016　製作手工皂的步驟

CHAPTER ② 6大基本皂款

023　什麼是「6大基本皂款」？
　　　基本款／寶寶款／滋潤款／彈性款／洗髮款／家事款
030　量身訂做的方法

CHAPTER ③ 四季手工皂

034　好簡單！皂方的使用方法
035　│春季皂方│
　　　艾草寶寶皂／優格皂／玫瑰果皂／金盞花刮鬍皂／綠茶皂／美髮皂
048　CRAFT　推薦的自製化妝水／簡易化妝水／精油化妝水／
　　　蜂蜜化妝水／藥草化妝水
052　COLUMN 1　製作手工皂圖案的方法

053 |夏季皂方|

蘆薈粉紅皂／鹽皂／青春期β胡蘿蔔素修復皂／

乳清皂／竹炭薄荷皂

064  CRAFT 金盞花蜜蠟軟膏／防蚊軟膏／室內除蟲噴霧／體香噴霧

068 COLUMN 2 溫和洗滌，剩餘皂再利用！

069 |秋季皂方|

蜂蜜皂／洋甘菊洗髮皂／紅蘿蔔皂／深秋長夜白酒皂／

豆漿皂／生薑黑糖蜜洗髮皂／廚房皂

084 CRAFT 小蘇打清潔精／薄荷清潔醋／橘皮清潔劑／布類除臭噴劑

088 COLUMN 3 酒精入皂小訣竅

089 |冬季皂方|

日本酒皂／酒粕皂／柚子米糠皂／酪梨果肉皂／

南國椰奶香皂／草莓天然酵母皂

102 CRAFT 火岩泥＆牛奶浴鹽／洋甘菊＆玫瑰果浴鹽／

米糠＆酒粕泡澡粉／生薑沐浴油／柚子蜂蜜泡泡球

108 COLUMN 4 製作手工皂的注意事項及訣竅

CHAPTER ④ 歡迎來到石鹼工房HonoBono-Lab

114 Hono喜愛的工具

116 Hono喜愛的材料

118 本書使用的精油

120 本書使用的油脂

122 本書使用的添加物

CHAPTER ①

手工皂基礎知識

什麼是手工皂？

手工皂特有的滋潤洗感，令人宛如置身天堂。
雖然質地柔軟，不會起許多的泡泡，但洗後肌膚不緊繃，就算不上化妝水或身體乳液，肌膚也能保持一段時間的滋潤。

皂簡單來說，是油、水，以及氫氧化鈉三者調配製作而成。
本書中主要介紹的是稱為「冷製法」（Cold Process）的製皂方式。
藉由氫氧化鈉的反應熱來慢慢皂化，前後必須花上四週以上的時間，但因為不會讓原材料中的植物性油脂劣化，所以能做出品質佳的手工皂。

手工皂使用起來之所以感覺舒服，是因為油、水及氫氧化鈉在反應時會產生天然的甘油。
本書中以調整氫氧化鈉的用量，用減鹼的方式讓皂中留下一成左右多餘的油脂，使得油脂不會百分之百變成皂。這麼一來，洗起來就會更加地感到舒爽，讓人彷如置身在夢中。

你還可以依照各式皂方，加入芳香精油、奶粉等添加物來製皂。
不妨以雀躍的心，就像在製作喜愛的甜品般，打一鍋皂吧！

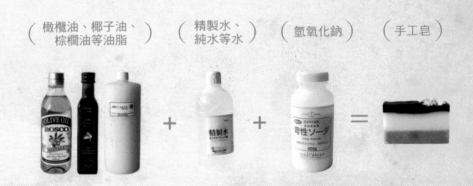

（ 橄欖油、椰子油、棕櫚油等油脂 ）　（ 精製水、純水等水 ）　（ 氫氧化鈉 ）　（ 手工皂 ）

製作手工皂的工具

家中如果有幼兒或寵物的話，在製皂前要先安置好，
可帶到其他房間，以免危險。
要作業的空間需鋪上舊報紙，並且保持室內空氣流通。
製作時必須穿戴圍裙、橡膠手套、口罩、眼鏡（護目鏡或太陽眼鏡皆可）。

製作手工皂的工具全都是平常廚房裡會使用到的器具，
不過，如果是接觸到氫氧化鈉會變質的器具就不能使用。

調理盆、攪拌器、攪拌棒、湯匙等，建議最好都使用不銹鋼材質的。
鋁製、鐵製或是鐵氟龍等遇鹼都會被腐蝕。

另外，製作氫氧化鈉溶液（鹼水）的容器，
要選用具耐熱性且有嘴的會比較安全與方便。
不可使用玻璃製的材質，要選用塑膠製品。

數位電子秤使用可以測量到1g單位的款式。

溫度計需要兩支。
這樣在製皂過程中可以同時測量到鹼水與油脂的溫度。

為了保溫「皂寶寶」，不要讓反應熱散失，
必須用毯子或毛巾將整個模型包覆起來。
推薦使用保麗龍盒來當作保溫箱，可以長時間使用。

1 毯子	9 燒杯	17 玻璃小碗
2 IH電子爐或瓦斯爐	10 調理盆（大‧小）	18 量匙（大‧小）
3 鍋子	11 攪拌器（大‧小）	19 精油專用量匙
4 橡膠手套	12 攪拌棒	20 溫度計
5 護目鏡	13 湯匙	21 菜刀
6 口罩	14 數位電子秤	22 杓子
7 圍裙	15 保鮮膜	23 橡膠刮刀
8 耐熱塑膠壺	16 蠟紙	

製作手工皂的基本材料

製作手工皂的基本材料只有三項。
油脂、氫氧化鈉（NaOH）和水，
在引發所謂的「鹼化」的化學反應後，就會成皂。

油脂　　　　　　　〔參考第120頁〕

「油脂」是決定一塊皂的個性關鍵。本
書主要是使用植物油，例如發泡性良好
的椰子油、可增加硬度的棕櫚油和乳油
木果脂、具有保溼力的橄欖油等，製皂
時可運用各種油脂的特性搭配組合出不
同皂方。

精製水（純水、蒸餾水）

使用不含添加物的中性純精製水。在日本可於藥房
的隱形眼鏡用品區購買得到。
（※在台灣多使用蒸餾水或過濾純水、淨化過的
RO滲透水）

氫氧化鈉

又稱苛性鈉、苛性蘇打。
屬於強鹼藥品，觸碰到皮膚或跑進眼
睛裡都很危險，使用時要非常小心。
平常存放時要注意，請放在幼兒及寵
物觸及不到的地方。

【購買方式】

可以在藥房買到，但購買時店家會要求蓋章，並需留下姓
名、地址及用途。如果藥房沒有現貨，有些店家接受訂
購，最好事先詢問清楚。
（※台灣沒有上述管制，在一般化工材料行或網路上即可
購買得到）

⚠️

當氫氧化鈉、鹼水或皂液觸碰到皮膚時，請立即使用大量清
水沖洗。要是皮膚有灼熱感或發炎，可使用流動的水或冰塊冷
卻，和燙傷的緊急處理一樣。嚴重的話請盡速就醫。

製作手工皂的模具

從手邊現有的牛奶盒、零食容器，
到專業使用的市售壓克力模具。
挑選模具之後，開始了你的製皂愉快之旅。

牛奶盒

初學者可以從牛奶盒這個模具入門，做出外型簡樸，帶有懷舊氣息的皂。

❶ 牛奶盒洗乾淨之後
晾乾。

❷ 開口朝上往內折，
用封箱膠帶固定。

❸ 用美工刀切開上
蓋，從這裡倒入皂
液。

＊待保溫後，直接撕開
紙容器脫膜即可。

洋芋片空罐

脫膜之後，把圓筒狀的皂切塊，就是一片片圓滾可愛的圓形皂。

① 用美工刀將金屬材質的底部切除。

② 在底部貼上保鮮膜，並用紙膠帶和橡皮筋固定，然後將洋芋片空罐的上蓋套在底部。

③ 把透明檔案夾剪一塊下來，並捲成筒狀，放進容器裡當內襯。

＊待保溫後，直接撕開紙容器脫膜即可。

壓克力模

切塊後可以做出漂亮且標準的專業皂形。

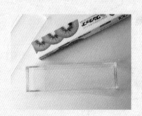  

① 底部整個包覆一層保鮮膜。

② 裝好底盤。

③ 待保溫後，將保鮮膜撕掉，用壓板慢慢將皂推出模具脫膜即可。

製作手工皂的步驟

製作手工皂的步驟非常簡單，一點都不難。
只是在處理氫氧化鈉溶液（鹼水）時一定要非常小心。

❶ 先在製作檯面上鋪好報紙。家裡有小孩或寵物的話，要確保其安全，不要接近作業檯面。

❷ 穿戴好圍裙、橡膠手套、口罩、眼鏡（護目鏡或太陽眼鏡皆可）。

❸ 將椰子油、棕櫚油、乳油木果脂等在常溫下凝固的油脂，以隔水加熱的方式融化，再把所有材料量好備用。

❹ 在耐熱塑膠容器中量好所需的純水，再將氫氧化鈉一點一點加入。用攪拌棒將氫氧化鈉顆粒攪拌至完全溶解，溶液（鹼水）變得澄清。

＊氫氧化鈉溶解時會散發出具有刺激性臭味的氣體，小心不要吸入，務必要戴上口罩。

 ⑤ 在調理盆裡加入所需的油脂，隔水加熱讓油溫升到38～42℃。另外，以冰鎮方式將溫度升高的④鹼水降溫到38～42℃。

 ⑥ 用攪拌器攪拌油脂，同時一點一點地倒入鹼水。

 ⑦ 持續攪拌至拉高攪拌器時會將皂液拉出一條線，這個狀態就叫做「trace」（遺留痕跡）。

【分辨trace（遺留痕跡）的方法】

將溫度一致的油脂和與氫氧化鈉溶液（鹼水）混合，持續攪拌約20分鐘，皂液會變得愈來愈濃稠，把攪拌器拉高時會在皂液表面拉出一條線時，就可以入模。如果在還沒有達到trace之前入模，皂液就會出現油水分離的現象，要多加留意。

⑧ 達到trace之後，即可將皂液倒入模具中。

⑨ 用毛巾或毯子包裹住模具，或是將模具整個放進保麗龍盒，保溫24小時讓皂液凝固。

⑩ 脫膜後的一整條皂需靜置一～三天，等表面變乾之後就可以切割了。記得先戴上橡膠手套，用菜刀等刀具切成喜愛的大小。放在陰涼的場所，不要受到日曬，大約四週的時間讓皂熟成及乾燥。

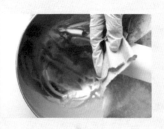

清理工具

戴上橡膠手套，用舊報紙或舊抹布把調理盆裡的皂液擦乾淨之後，再用皂洗淨。洗淨時的海綿記得和平常清洗餐具的海綿分開使用。

過敏測試

熟成晾乾的皂需要經過過敏測試，才能拿來使用。

〔過敏測試的方法〕將製成的皂沾溼起泡後，塗抹在手腕及大腿內側等皮膚細緻的部位，經過24小時後再檢視會不會出現泛紅、搔癢等異常反應。

皂的保存

手工皂的壽命除了炎夏之外，在一般氣溫（～20度）下大約可以保存半年。

由於皂中含有大量吸收空氣水分的甘油，保存時要保持乾燥。最理想的方式是放在鋁罐或馬口鐵罐子裡於常溫下保存。夏天可以將皂用保鮮膜包好，放在密封盒裡冷藏保存。

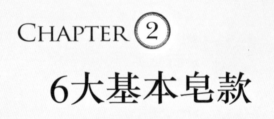

Chapter ②

6大基本皂款

什麼是「6大基本皂款」？

「6大基本皂款」是我個人根據多年經驗獨創的分類，依照的是膚質及洗感來區別。

6種基本皂款分別為**「基本款」**、**「寶寶款」**、**「滋潤款」**、**「彈性款」**、**「洗髮款」**、**「家事款」**。

本書中介紹的皂方都是以這幾種皂款為基本，再搭配其他材料製作而成。

你可以選擇適合的基本皂款，再搭配春夏秋冬四季所喜愛的材料，持續地使用。

皂的成分可以說幾乎都是油脂。

油脂具有各種不同的特性，有的可以讓皂有強大起泡力，有些則能增加皂的硬度。

有適合乾燥肌膚的皂，或適合敏感肌膚刺激性低的皂，也有適用於夏季、洗感清爽的皂，都可以依需求來選擇適合的基本油脂，自由地做調整與變化。

你可以從本書中的皂方中選擇適合自己膚質或喜愛的洗感、材料來製皂，而且只要學會這6大基本皂款，就可以針對個人量身訂做，簡單地就能依自己的膚質做調整。

例如，即使是適合「乾燥肌」的皂方，如果是油性肌膚的人，只要換成基本皂款中的「家事款」即可（註：因家事款適合油性肌）；而「想要有稍微滋潤的洗感」這類些微的改變，也可以藉由再添加其他材料來達成。

每個人都可以依照個人的需求量身訂做出適合自己的皂。

接下來將一一介紹「6大基本皂款」。

＊**一般肌**：在本書中指的是「25～30歲稍微偏乾燥卻正常的肌膚狀態」。

基本款

起泡性、硬度、使用感，全部都是最標準的溫和皂款。
洗起來具保溼力，不太會洗去皮脂。

使用感

〔泡沫〕普通

〔洗感〕普通

〔硬度〕普通

〔膚質〕乾燥肌

材料 ·500g

◆ 純淨橄欖油……170g

◆ 米糠油……75g

◆ 高亞油酸葵花油……75g

◆ 椰子油……90g

◆ 棕櫚油……90g

◆ 氫氧化鈉……65g

◆ 精製水（純水）……175cc

⚠ 過敏物質：菊科、米

寶寶款

顏色呈翡翠綠的美皂，適合敏感且容易乾燥的膚質。
寶寶和大人都適用。

使用感

〔泡沫〕較少

〔洗感〕略為厚重

〔硬度〕柔軟

〔膚質〕乾燥肌・敏感肌

材料 ·500g

- ◆ 酪梨油……150g
- ◆ 純淨橄欖油……115g
- ◆ 高亞油酸葵花油……50g
- ◆ 蓖麻油……50g
- ◆ 椰子油……75g
- ◆ 乳油木果脂……60g

- ◆ 氫氧化鈉……61g
- ◆ 精製水（純水）……160cc

＊因為質地非常柔軟，要靜置超過五天以上再小心脫膜。

＊很容易氧化，使用期限在常溫保存下約三個月。

⚠ 過敏物質：菊科、乳膠

滋潤款

加入30%榛果油的乳白皂。
使用起來帶有滋潤黏滑的奢華感。
夏天用的話會稍感厚重。

使用感

〔泡沫〕細緻

〔洗感〕厚重

〔硬度〕稍柔軟

〔膚質〕乾燥肌

材料 · 500g

- 榛果油……150g
- 純淨橄欖油……85g
- 高亞油酸葵花油……75g
- 蓖麻油……50g
- 椰子油……80g
- 乳油木果脂……60g

- 氫氧化鈉……64g
- 精製水（純水）……175cc

⚠ 過敏物質：堅果、菊科

彈性款

帶著淺粉色的皂。洗起來很清爽。
和滋潤類的材料（奶粉、優格或蜂蜜等）搭配起來，
就會變成泡沫細緻的皂。

使用感

〔泡沫〕很有彈性

〔洗感〕微輕盈

〔硬度〕柔軟

〔膚質〕一般肌・敏感肌

材料  500g

◆ 白芝麻油……300g

◆ 米糠油……50g

◆ 椰子油……75g

◆ 棕櫚油……75g

◆ 氫氧化鈉……64g

◆ 精製水（純水）……175cc

⚠ 過敏物質：芝麻、米

洗髮款

洗髮用的皂。頭髮會打結的話，可以加入保溼成分。
因泡沫豐富，喜歡的話也可以拿來當身體皂使用。

使用感

〔泡沫〕大量

〔洗感〕輕盈

〔硬度〕稍硬

〔膚質〕一般肌

材料 500g

◆ 純淨橄欖油……175g
◆ 米糠油……75g
◆ 蓖麻油……50g
◆ 椰子油……150g
◆ 棕櫚油……50g

◆ 氫氧化鈉……67g
◆ 精製水（純水）……175cc

⚠ 過敏物質：米

家事款

雖然是設計用來清洗餐具，不過選用油脂的主要成分
是可洗去皮脂，也是適合油性肌膚的皂。

使用感

〔泡沫〕大量

〔洗感〕非常輕盈

〔硬度〕硬

〔膚質〕油性肌

材料 ·500g

◆ 棕櫚油……250g

◆ 椰子油……200g

◆ 蓖麻油……50g

◆ 氫氧化鈉……74g

◆ 精製水（純水）……190cc

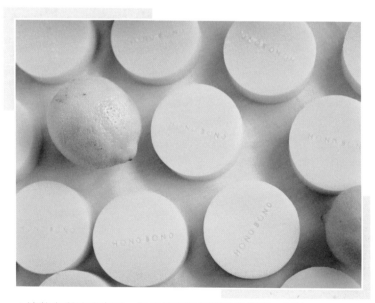

＊這款皂質地非常硬，保溫後要趁皂還軟時脫膜、切塊。

量身訂做的方法

手工皂是一種使用起來很享受的生活用品。
無論是「夏天想洗個清爽」，
或是「希望更滋潤、保溼力好一點」，都能滿足每個人的需求。
學會量身訂做設計皂方之後，就能隨心所欲地做出你想要的皂。

以使用感量身訂做

只要改變基本皂方就可以了。
將基本皂方代換為要製作的皂款油脂組成和氫氧化鈉的分量。

滋潤　寶寶　基本　洗髮　彈性　家事

洗感

厚重　　　　　　　　　　　　　　　　　　輕盈

寶寶　彈性　滋潤　基本　洗髮　家事

軟硬度

柔軟　　　　　　　　　　　　　　　　　　硬

滋潤　寶寶　彈性　基本　洗髮　家事

泡沫

少量　　　　　　　　　　　　　　　　　　大量

簡單保溼Plus！

只要在喜愛的皂方中加入這幾種材料，
就能在適合自己膚質的基本皂款中加強保溼力！

親膚性佳 〔融化感〕	肌膚感覺柔和 〔滑潤感〕
荷荷巴油	**椰奶粉**
用超脂方式 在入模前加入 1 大匙	入模前加入
包覆肌膚 〔潤澤感〕	肌膚罩上一層保護膜 〔濃郁感〕
馬油	**乳油木果脂**
融化後以超脂方式 在入模前加入 1 大匙	融化後以超脂方式 在入模前加入 1 大匙

＊**超脂（Superfatting）**：在trace的狀態下，加入少量不容易氧化的油脂，
增加多餘油脂的方法。參照第108頁。

CHAPTER ③

四季手工皂

好簡單！皂方的使用方法

本書中會標示每種皂方適合的膚質。
即使標示的皂方和你的膚質不同，
也只要稍做調整，
就可以變成適合你的手工皂。

例如：膚質為「油性肌膚」。

❶ 〔皂款〕基本款
〔膚質〕乾燥肌 →

把基本皂款改為「家事款」

皂方中的膚質是「乾燥肌」，就把皂款的「基本款」改成適合油性肌膚的「家事款」。
參考6大皂款中「家事款」一項（第29頁），
代換所使用的油脂和氫氧化鈉用量。

❷ 材料

- ◆ 純淨橄欖油……170g
- ◆ 米糠油……75g
- ◆ 高亞油酸葵花油……75g
- ◆ 椰子油……90g
- ◆ 棕櫚油……90g

- ◆ 氫氧化鈉……65g
- ◆ 紅蘿蔔汁……175cc

從「基本款」
換成「家事款」 →

- ◆ 棕櫚油……250g
- ◆ 椰子油……200g
- ◆ 蓖麻油……50g

- ◆ 氫氧化鈉……74g

- ◆ 甜橙精油……4cc
- ◆ 乳香精油……1cc
- ◆ 薰衣草精油……1.5cc

- ◆ 罌粟籽……少許
- ◆ 皂屑……依個人喜好

⚠ **注意事項**

＊3歲以下的嬰幼兒及孕婦不能使用含有精油的手工皂及保養品。

＊1歲以下的嬰幼兒不能使用含有蜂蜜的手工皂及保養品。

＊所有手工皂及保養品應經過過敏測試後才能拿來使用。

＊對菊科、黃豆、米、芝麻、乳膠、牛奶等物質過敏的人請特別留意。

＊檸檬精油有光毒反應，剛使用後應避免日曬。

春季皂方

草木發出嫩芽，

萬物開始活動的春天。

善用大自然的恩惠，

使用大量含有艾草、綠茶成分的皂，

來迎接新鮮、爽朗的全新季節。

艾草寶寶皂

溫和洗淨小嬰兒敏感肌膚的一款寶寶皂。
加入具有抗菌・消炎功效的艾草，也適合敏感膚質的大人。

〔皂款〕寶寶款
〔膚質〕乾燥肌
　　　　敏感肌

材料

- 酪梨油……150g
- 純淨橄欖油……115g
- 高亞油酸葵花油……50g
- 蓖麻油……50g
- 椰子油……75g
- 乳油木果脂……60g

- 氫氧化鈉……61g
- 精製水（純水）……160cc

- 隔水加熱融化的馬油……1大匙

- 艾草粉……1小匙
- 皂屑……適量

作法

① 依照「基本步驟」，攪拌至皂液達到trace。

② 加入融化的馬油攪拌均勻。

③ 舀1杓皂液倒入另一只調理盆，加入艾草粉攪拌均勻。

④ 在原本的調理盆裡均勻撒入皂屑。

⑤ 接著倒入③的皂液，用橡膠刮刀攪拌一次，以渲染拉出大理石花紋。

⑥ 將皂液入模。

⑦ 保溫24小時。脫膜後切割，靜置四週熟成。

＊「渲染」參照第52頁。

優格皂

洗起來清爽俐落，
非常舒服的一塊皂。
搭配優格帶有酸味以及柑橘的香氣，
散發出滿滿的果香。

〔皂款〕彈性款
〔膚質〕一般肌
敏感肌

材料

- 白芝麻油……300g
- 米糠油……50g
- 椰子油……75g
- 棕櫚油……75g

- 氫氧化鈉……64g
- 精製水（純水）……115cc

- 優格（常溫）……60cc

- 玫瑰礦泥糊
  - 玫瑰礦泥……1小匙
  - 精製水（純水）……1大匙

- 乳香精油……2cc
- 甜橙精油……4.5cc

作法

1. 依照「基本步驟」。
2. 鹼水與油脂混合後，加入優格。
3. 攪拌至達到trace。
4. 加入精油之後攪拌均勻。
5. 舀1/2杓皂液倒入另一只調理盆，用1/2小匙的玫瑰礦泥糊調出粉紅色。
6. 將5的皂液像畫線一樣倒回原本的調理盆裡，用攪拌器攪拌一次。

（渲染）

7. 將皂液入模。
8. 保溫24小時。脫膜後切割，靜置四週熟成。

玫瑰礦泥糊

用湯匙背面把玫瑰礦泥壓碎，再加入純水調成糊狀。

玫瑰果皂

加了玫瑰果，含有恰到好處磨砂感的皂。
洗臉時能感受滿滿的幸福。
以天竺葵為基底的精油，香氣迷人。

〔皂款〕滋潤款
〔膚質〕乾燥肌

材料

- 榛果油……150g
- 純淨橄欖油……85g
- 高亞油酸葵花油……75g
- 蓖麻油……50g
- 椰子油……80g
- 乳油木果脂……60g

- 氫氧化鈉……64g
- 精製水（純水）……175cc

- 椰奶粉……1小匙
- 玫瑰果粉……1/4小匙
- 金盞花（切碎）……1小匙

- 玫瑰礦泥糊
  - 玫瑰礦泥……1小匙
  - 精製水（純水）……1大匙
  （參照第39頁）

- 乳香精油……1cc
- 天竺葵精油……3cc
- 薰衣草精油……2cc
- 薄荷油……1cc

作法

1. 依照「基本步驟」，攪拌至皂液達到 trace。

2. 舀1杓皂液倒入另一只調理盆，加入椰奶粉攪拌均勻。

3. 倒回原本的調理盆裡，加入精油、薄荷油攪拌均勻。

4. 把皂液分為三份。
   → A：1杓多一點。
   → B：3杓。
   → C：剩下的皂液。

5. 從C當中取1杓皂液倒入另一只調理盆，加入玫瑰果粉攪拌均勻，倒回❸攪拌後入模。

6. 將B用湯匙入模，倒在❺的上方。撒上切碎的金盞花。

7. 在A中加入1/2小匙的玫瑰礦泥糊染色，用湯匙入模鋪在❻上。（漸層）

8. 保溫24小時。脫膜後切割，靜置四週熟成。

※「粉類的添加方法」參照第52頁。
※「漸層」參照第52頁。

金盞花刮鬍皂

男性使用的刮鬍皂，也適合女性臉部除毛用。
用加入大量金盞花的浸泡油來作皂，
洗起來有豐富的柔潤刮鬍泡。

〔皂款〕寶寶款
〔用途〕刮鬍
　　　　除毛

材料

- 酪梨油……150g
- 金盞花浸泡純淨橄欖油……115g
- 高亞油酸葵花油……50g
- 蓖麻油……50g
- 椰子油……75g
- 乳油木果脂……60g

- 氫氧化鈉……61g
- 精製水（純水）……160cc

- 金盞花（裝飾用）……1大匙

- 乳香精油……2cc
- 薰衣草精油……4cc

作法

1. 依照「基本步驟」，攪拌至皂液達到trace。
2. 加入精油之後攪拌均勻。
3. 將皂液倒入烤盅裡。
4. 上面再方撒點金盞花裝飾。
5. 保溫24小時。靜置四週熟成。

※ 沒有烤盅的話也可以倒進牛奶盒等一般模具裡。

金盞花浸泡油

將胡蘿蔔素等有效成分溶進植物油中的浸泡油，具有修復受損肌膚的功效。

1. 在乾淨的瓶子裡加入金盞花（6g），倒進橄欖油160g。
2. 放在日照良好的場所約三週，每天搖晃瓶子一次。
3. 用咖啡濾紙等過濾出浸泡油即可。

綠茶皂

迎接春茶季節的五月。
使用綠茶浸泡油和綠茶濃縮液來做塊綠色的清爽皂。

〔皂款〕基本款
〔膚質〕乾燥肌

材料

- 綠茶浸泡純淨橄欖油……170g
- 米糠油……75g
- 高亞油酸葵花油……75g
- 椰子油……90g
- 棕櫚油……90g

- 氫氧化鈉……65g
- 精製水（純水）……145cc

- 綠茶濃縮液……30cc
  （放至常溫）
- 茶樹精油……4cc
- 迷迭香精油……1.5cc
- 薄荷油……1.5cc

作法

① 依照「基本步驟」。

② 將鹼水與油脂混合後，加入30cc的綠茶濃縮液。

③ 攪拌至皂液達到trace。

④ 加入精油攪拌均勻。

⑤ 將皂液入模。

⑥ 保溫24小時。脫膜後切割。靜置四週熟成。

※要製作像圖片中的「分層皂」，請參照第52頁。白色部分是基本皂款的皂液。

綠茶浸泡油

① 在乾淨的瓶子裡加入綠茶（80g）、橄欖油200g。
② 放在日照良好的場所約三週，每天搖晃瓶子一次。
③ 用咖啡濾紙等過濾出浸泡油即可。

綠茶濃縮液

用熱水萃取出具有殺菌效果的兒茶素。在預熱過的茶壺中放入綠茶（2g，約1小匙），注入60cc的熱水（95℃以上）。靜置3分鐘後濾掉茶葉備用。

美髮皂（艷髮美人）

豐富的泡沫中含有滋潤頭髮的成分，
是一塊能讓秀髮柔柔亮亮的皂。

〔皂款〕洗髮款
〔用途〕洗髮

材料

- 純淨橄欖油……175g
- 米糠油……75g
- 蓖麻油……50g
- 椰子油……150g
- 棕櫚油……50g

- 氫氧化鈉……67g
- 精製水（純水）……175cc

- 隔水加熱融化的乳油木果脂……1小匙

- 昆布粉……1/3小匙
- 火岩泥……1/2小匙
- 竹炭粉……1/2小匙

- 迷迭香精油……3cc
- 薄荷油……1cc
- 甜橙精油……2cc
- 薰衣草精油……2cc

- 切碎的白色（或乳白色）皂屑……適量

作法

① 依照「基本步驟」，攪拌至皂液達到trace。

② 加入融化的乳油木果脂，攪拌均勻。加入精油、薄荷油後繼續攪拌。

③ 把皂液分成三份。
→ A：1杓半。
→ B：4杓。
→ C：剩下的皂液。

④ 從C中取1杓皂液倒入另一只調理盆，加入火岩泥和昆布粉攪拌均勻，倒回C攪拌後入模。

⑤ 將B用湯匙入模，倒在④的上方。

⑥ 在A中加入竹炭粉染色，用湯匙入模鋪在⑥上。（漸層）

⑦ 把皂屑撒在最上方。

⑧ 保溫24小時。脫膜後切割，靜置四週熟成。

＊「漸層」參照第52頁。
＊「粉類的添加方法」參照第52頁。

簡易酸性潤髮

在洗臉盆裝一半熱水，加入約2大匙醋。洗完頭髮後用醋水清洗頭皮和頭髮，不需要再沖水。醋類建議使用蘋果醋或白酒醋。也可以用1/2小匙的檸檬酸來代替。

推 | 薦 | 的 | 自 | 製 | 化 | 妝 | 水

迎接春天時，也要嘗試挑戰一下自製化妝水。
輕輕鬆鬆就能製作適合自己膚質，專屬自己的特調。

只要在簡易化妝水中加入喜愛的精油，
或浸泡的酊劑即可。

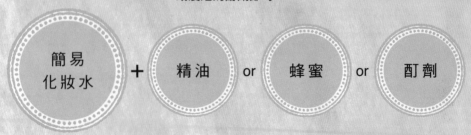

簡易
化妝水　＋　精油　or　蜂蜜　or　酊劑

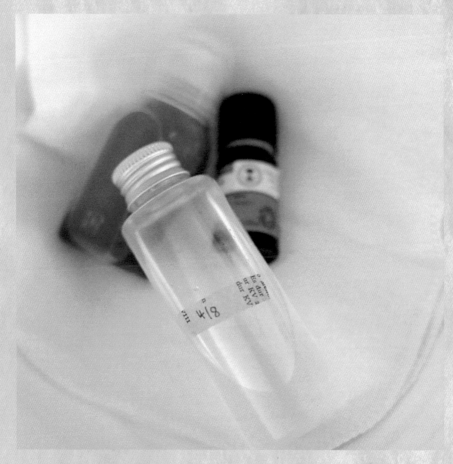

簡 易 化 妝 水

最基本的化妝水，直接使用也可以。

材料

- 精製水（純水）……45cc
- 植物性甘油……1小匙

作法

① 將容器用消毒用酒精殺菌消毒後，倒入植物性甘油。

② 注入純水後搖晃到均勻。

※放進冰箱冷藏保存，並在兩週內使用完。

精 | 油 | 化 | 妝 | 水

只要加入手邊現有的精油，就能做出適合不同膚質的化妝水。

作法

① 依照簡易化妝水的作法。

② 加入植物性甘油之後，滴入2
滴喜愛的精油，充分搖晃。
注入純水後再搖晃到均勻。

推薦給各種膚質的精油

◆ 一般肌……薰衣草or天竺葵
◆ 油性肌……薰衣草&甜橙
◆ 乾燥肌……乳香&天竺葵
◆ 敏感肌……薰衣草

蜂 | 蜜 | 化 | 妝 | 水

只要加點廚房裡的蜂蜜，就能做出潤澤鎮靜肌膚的化妝水。

作法

① 依照簡易化妝水的作法。

② 加入植物性甘油之後，再加
1/3小匙蜂蜜，充分搖晃。
注入純水後再搖晃到均勻。

藥 | 草 | 化 | 妝 | 水

以酒精浸漬出藥草中的護膚成分，
這是自古以來就有的手工美容液。

作法

① 依照簡易化妝水的作法。

② 加入植物性甘油之後，再加1小匙藥草浸漬液，充分搖晃。注入精製水
（純水）後再搖晃到均勻。

藥草浸漬液的作法

① 將喜愛的材料放入乾淨的玻璃廣
口瓶裡，注入淹過材料的燒酎
（蒸餾酒）。

② 放在日照良好的場所約三週，每
天搖晃瓶子一次。

③ 用咖啡濾紙等過濾 ② 之後，換裝
到其他容器。

＊放在陰涼的地方可以保存一年。

推薦的自然材料

◆ 戟草……使用乾燥葉片（青春痘、斑點）

◆ 桃葉……使用乾燥葉片（汗疹）

◆ 蘆薈……使用洗乾淨的新鮮葉片（毛孔、鬆弛、斑點、乾燥）

◆ 艾草……使用乾燥葉片（肌膚搔癢、發炎）

◆ 柚子種籽……洗乾淨之後曬乾（保溼、美白）

COLUMN 1
製作手工皂圖案的方法

在皂液中加入粉類添加物，或是巧妙的渲染，
學會這些製作美麗可愛圖案的方法，更添手工皂魅力。

粉類的添加方法

達到trace後取少量皂液倒入另一只調理
盆，依照標示分量加入粉類，充分攪拌溶
解，再倒回原有皂液中混合。這樣粉類就
不會有結塊的現象。

渲染

達到trace後取1杓皂液倒入另一只調理盆
內染色。接著再把染色皂液平均倒入原有
的皂液後，用攪拌器只要拌一圈即可，最
後迅速入模。

分層

將第一層皂液入模後保溫24小時。再製作另
一層皂液，倒在上方。
＊由於下層可能會有分離現象，在下層皂液
　入模後一定要在48小時內倒入上層皂液。

漸層

把皂液分成兩份，各自染上喜歡的顏色。
將第一層迅速入模之後，第二層入模時用
湯匙輕輕地鋪上去即可。

鑲嵌、小圓球

把做好後質地還軟的皂切碎
或揉成小圓球。到達trace後
依照喜好排放在皂液之間。

夏季皂方

在這樣炎熱的季節，

更希望能過得清爽舒適。

精心製作的手工皂，

蘊含了對家人的心意以及美好的夏日回憶。

蘆薈粉紅皂

綠意盎然的蘆薈，
是家中很好用的常備藥草。
用蘆薈液製作的粉紅皂，
令人大呼不可思議。

〔皂款〕彈性款
〔膚質〕一般肌

材料
········

- 白芝麻油……300g
- 米糠油……50g
- 椰子油……75g
- 棕櫚油……75g

- 氫氧化鈉……64g
- 精製水（純水）……115cc

- 蘆薈液……60cc

- 薰衣草精油……4cc
- 薄荷油……2.5cc

作法
········

① 依照「基本步驟」。

② 在溫度降到40℃的鹼水中加入蘆薈液。

③ 攪拌均勻後，液體會變成紅褐色。→ A。

④ 油脂和A的溫度一致時，一邊攪拌油脂，一邊慢慢倒入A。

⑤ 持續攪拌到皂液顏色從褐色變成粉紅色。

⑥ 皂液達到trace後加入精油、薄荷油，繼續攪拌均勻。

⑦ 入模。

⑧ 保溫24小時。脫膜後切割，靜置四週熟成。

＊「渲染」參照第52頁。

⚠

有些人的肌膚會對蘆薈葉所含的成分感到刺激，建議敏感肌膚的人要小心使用。

蘆薈液

把3～4片新鮮蘆薈葉洗乾淨，去掉表面上的小刺，用果汁機打成汁。放入冰箱靜置冷藏一晚，待葉綠素沉殿後，取上層澄清液使用。

鹽皂

這塊皂的質地硬而扎實，
洗起來有大量泡沫，感覺很舒服。
爽淨的觸感加上令人聯想到大海的香氣，
清新無比。

〔皂款〕基本款
〔膚質〕乾燥肌

材料

◆ 純淨橄欖油……170g
◆ 米糠油……75g
◆ 高亞油酸葵花油……75g
◆ 椰子油……90g
◆ 棕櫚油……90g

◆ 氫氧化鈉……65g
◆ 精製水（純水）……175cc

◆ 天然鹽……1小匙

◆ 迷迭香精油……3cc
◆ 薰衣草精油……1.5cc
◆ 檸檬精油……2cc

作法

❶ 依照「基本步驟」，攪拌至皂液達到trace。

❷ 舀1杓皂液到另一只調理盆中，加入鹽後攪拌均勻。

❸ 將❷倒回原本的皂液裡，攪拌均勻。

❹ 加入精油，繼續攪拌均勻。

❺ 入模。

❻ 保溫24小時。脫膜後切割，靜置四週熟成。

＊製作鹽皂時，如果保溫的步驟沒做好，很容易出現大量白灰，一定要確實地保溫。

青春期 β 胡蘿蔔素修復皂

這款皂很適合為青春痘等肌膚問題苦惱的人。
充滿活力的橙色，是來自富含胡蘿蔔素的紅棕櫚油。
幾種油脂的組合可以產生豐富泡沫，洗去皮脂，
另外還加了有抗菌作用的精油。

〔皂款〕家事款
〔膚質〕油性肌

材料
▲▲▲▲▲▲▲▲▲

◆ 紅棕櫚油……250g
◆ 椰子油……200g
◆ 蓖麻油……50g

◆ 氫氧化鈉……74g
◆ 精製水（純水）……190cc

◆ 甜橙精油……1.5cc
◆ 茶樹精油……3cc
◆ 薰衣草精油……1.5cc
◆ 迷迭香精油……0.5cc

作法
▲▲▲▲▲▲▲▲▲

❶ 依照「基本步驟」，攪拌至皂液達
　　到trace。

❷ 加入精油，繼續攪拌均勻。

❸ 入模。

❹ 保溫24小時。脫膜後切割，靜置
　　四週熟成。

＊這款皂質地非常堅硬，保溫後要趁皂
　　還軟時脫膜、切塊。

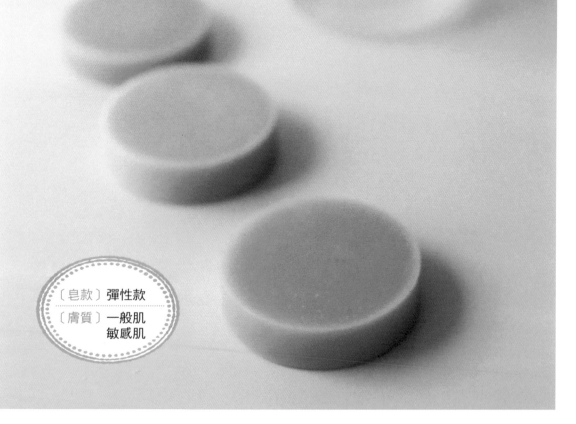

乳清皂

我嘗試把製作卡達乳酪剩下的乳清加到皂裡。
乳清含有近似母乳的成分，有護膚的效果。
潤澤柔嫩的洗感，令人陶醉。

〔皂款〕**彈性款**
〔膚質〕**一般肌**
　　　敏感肌

材料

- 白芝麻油……300g
- 米糠油……50g
- 椰子油……75g
- 棕櫚油……75g

- 氫氧化鈉……64g
- 精製水（純水）……88cc

- 乳清……88cc

- 檸檬精油……4cc
- 乳香精油……1cc
- 茶樹精油……1.5cc

作法

1. 依照「基本步驟」。
2. 鹼水以冰鎮降溫到40℃。
3. 把乳清加入 2，充分攪拌混合後，再讓溫度降到40℃。
4. 油脂和 3 的溫度一致時，用攪拌器攪拌油脂，一邊慢慢將油脂倒入 3 中混合。
5. 攪拌至皂液達到trace，加入精油充分攪拌再入模。
6. 保溫24小時。脫膜後切割，靜置四週熟成。

乳清

- 原味優格200g
1. 架好咖啡濾杯，下方準備好一只杯子來接。
2. 把優格倒入咖啡濾杯中，靜置約6小時。
3. 6小時後咖啡濾杯中留下的是卡達乳酪，下方杯子中則是乳清。

竹炭薄荷皂

有薄荷的清涼，同時還有竹炭爽淨的洗感。
上了一天班的男主人，用豐富的泡沫洗去一天的疲勞，
洗後神清氣爽。

〔皂款〕洗髮款
〔膚質〕一般肌

材料

- 純淨橄欖油……175g
- 米糠油……75g
- 蓖麻油……50g
- 椰子油……150g
- 棕櫚油……50g

- 氫氧化鈉……68g
- 精製水（純水）……160cc

- 竹炭粉……1大匙
- 皂屑……適量

- 薄荷油……6.5cc
- 茶樹精油……2cc
- 乳香精油……1.5cc

作法

❶ 依照「基本步驟」，攪拌至皂液達到trace。

❷ 加入竹炭粉，充分攪拌到混和均勻。

❸ 加入精油、薄荷油後繼續充分攪拌。

❹ 把依照喜好大小切碎的皂屑加入皂液中。

❺ 入模。

❻ 保溫24小時。脫膜後切割，靜置四週熟成。

⚠

因為加入了大量的薄荷油，請不要用來洗臉。

金│盞│花│蜜│蠟│軟│膏

乾燥肌膚的急救軟膏，也能滋潤乾澀的指尖或撫平蚊蟲咬的傷疤。

材料 約20cc

- 金盞花浸泡油……20cc
  - 金盞花……2大匙
  - 荷荷巴油……40cc
- 蜜蠟……5g
- 薰衣草精油……3滴
- 茶樹精油……3滴

作法

1. 在煮沸消毒過的瓶子裡加入金盞花浸泡油。

2. 靜置在日照良好的場所三週左右，讓有效成分溶出。（每天搖晃瓶子）

3. 三週後用咖啡濾紙過濾 2，濾掉金盞花。

4. 在燒杯中放入蜜蠟和金盞花浸泡油。

5. 隔水加熱至蜜蠟完全融化。

6. 完全融化後取出。

7. 稍微降溫後加入精油，攪拌均勻。

8. 倒入容器。

9. 靜待完全冷卻凝固後，再將容器蓋上蓋子。

防｜蚊｜軟｜膏

蚊子不喜歡天竺葵的成分。
整理庭院或傍晚出外散步前都可以塗用。

材料 約20cc

- 荷荷巴油……15cc
- 蜜蠟……5g
- 天竺葵精油……6滴

作法

① 把蜜蠟和荷荷巴油放進燒杯中。

② 隔水加熱至蜜蠟完全融化。

③ 完全融化後取出。

④ 稍微降溫後加入精油，攪拌均勻。

⑤ 倒入容器。

⑥ 靜待完全冷卻凝固後，再將容器蓋上蓋子。

室｜內｜除｜蟲｜噴｜霧

擔心蚊蟲出沒的紗窗、垃圾桶周圍，都可以噴一噴。

材料　約100cc

- ◆ 精製水（純水）……85cc
- ◆ 無水酒精……15cc
- ◆ 薄荷油……20滴（1cc）

作法

❶ 用消毒用酒精將容器殺菌消毒後，加入無水酒精和薄荷油，攪拌均勻。

❷ 加入純水後用力搖晃混合。

＊在常溫下可保存一個月。

體│香│噴│霧

容易流汗的人噴後會感覺清爽舒暢。
出門前、沐浴後皆可使用。

材料  約100cc

◆ 精製水（純水）……90cc
◆ 無水酒精……10cc
◆ 茶樹精油……4滴
◆ 甜橙精油……3滴
◆ 薄荷油……3滴

作法

❶ 用消毒用酒精將容器殺菌消毒後加入無
　水酒精和精油、薄荷油，攪拌均勻。

❷ 加入純水後用力搖晃混合。

＊冷藏保存要在兩週內用完。

COLUMN 2

溫和洗滌，剩餘皂再利用！

使用殘缺不全、用剩的皂，也能輕鬆洗衣。
具有精油的殺菌效果，衣物晾在房間裡也不會產生異味。
不但有令人驚嘆的除垢效果，還可搭配食用醋當作柔軟劑。
可在洗衣進入最後一個程序「洗淨」時加入2大匙，衣物就會變得蓬鬆。
衣領和袖口容易髒的地方，可以在丟進洗衣機之前先抹上皂搓揉一下，
這樣子就能將髒污洗淨。

材料

◆ 剩餘皂……約30g　　◆ 小蘇打粉……1杯　　◆ 檸檬精油……5滴

◆ 薄荷油……5滴　　　◆ 洗衣袋……1個

洗滌方法

❶ 將皂削成大小適當的薄片，裝進洗
　衣袋裡。

❷ 洗衣機先進水（30L），加入小蘇
　打粉和❶以及精油、薄荷油，先讓
　洗衣機運轉3分鐘左右。

❸ 把待洗衣物放進洗衣機裡，使用自
　動洗衣模式。

❹ 在最初的「清洗」階段結束，要進
　入「洗淨」程序前先暫停洗衣機，
　把整袋皂片取出。

❺ 接下來洗衣機恢復一般使用程序即
　可。

⚠ 這種方法不適用於滾筒式洗衣機。

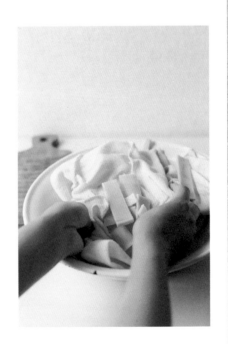

秋季皂方

秋天，是豐收的季節。

用加入蜂蜜、紅蘿蔔，

以及白酒的皂，

溫柔舒緩一整夏的疲勞。

蜂蜜皂

洗起來滋潤滑順的蜂蜜皂，非常受歡迎。
暖呼呼、甜甜的蜂蜜香氣，撫慰身心。

〔皂款〕滋潤款
〔膚質〕乾燥肌

材料

▲▲▲▲▲▲▲

◆ 榛果油……150g
◆ 純淨橄欖油……85g
◆ 高亞油酸葵花油……75g
◆ 蓖麻油……50g
◆ 椰子油……80g
◆ 乳油木果脂……60g

◆ 氫氧化鈉……64g
◆ 精製水（純水）……160cc

◆ 蜂蜜水……1大匙
（蜂蜜2小匙用加熱的純水1大匙化開）

作法

▲▲▲▲▲▲▲

❶ 依照「基本步驟」，攪拌至皂液達
　到trace。

❷ 加入蜂蜜水，充分攪拌。

❸ 入模。

❹ 保溫24小時。脫膜後切割，靜置
　四週熟成。

蜂巢圖案的矽膠片

貼在模具底部倒入皂液後，
就能塑出蜂蜜皂外型。
（Pretty Good工房出品）

洋甘菊洗髮皂

洋甘菊最適合想讓髮色看起來明亮的人。
對於改善乾燥肌膚也很有幫助，
稍微改變一下皂款配方，也能做出適合身體用的皂。

〔皂款〕洗髮款
〔用途〕洗髮

材料

- ◆ 純淨橄欖油……175g
- ◆ 米糠油……75g
- ◆ 蓖麻油……50g
- ◆ 椰子油……150g
- ◆ 棕櫚油……50g

- ◆ 氫氧化鈉……67g
- ◆ 洋甘菊茶（常溫）……160cc

- ◆ 乾燥洋甘菊（切碎）……1小匙

- ◆ 迷迭香精油……2.5cc
- ◆ 檸檬精油……5cc

作法

❶ 依照「基本步驟」。

❷ 鹼水不用純水來做，而是用洋甘菊茶來溶鹼。

❸ 油脂和❷的溫度一致時，一邊攪拌油脂，一邊慢慢倒入❷。

❹ 皂液達到trace後加入精油，繼續攪拌均勻，加入切碎的乾燥洋甘菊，稍微攪拌後入模。

❺ 保溫24小時。脫膜後切割，靜置四週熟成。

＊也可以不加入裝飾用的碎洋甘菊。

＊將2小匙蜂蜜用1大匙加熱純水化開，放涼後在皂液達到trace後加入，可製成潤澤秀髮的洗髮皂。

洋甘菊茶

在預熱的茶壺裡放入洋甘菊（5g），注入熱水（95℃以上）200cc。靜置3分鐘之後濾掉洋甘菊。

紅蘿蔔皂

紅蘿蔔鮮豔的橙色就是胡蘿蔔素的顏色。
加在皂中，會變成柔和的黃色。

〔皂款〕基本款
〔膚質〕乾燥肌

材料
▴▴▴▴▴▴▴▴

- ◆ 純淨橄欖油……170g
- ◆ 米糠油……75g
- ◆ 高亞油酸葵花油……75g
- ◆ 椰子油……90g
- ◆ 棕櫚油……90g

- ◆ 氫氧化鈉……65g
- ◆ 紅蘿蔔汁……175cc

- ◆ 甜橙精油……4cc
- ◆ 乳香精油……1cc
- ◆ 薰衣草精油……1.5cc

- ◆ 罌粟籽……少許
- ◆ 皂屑……依個人喜好

作法
▴▴▴▴▴▴▴▴

❶ 依照「基本步驟」。

❷ 鹼水不用純水來做，而是用紅蘿蔔汁來溶鹼。

❸ 油脂和❷的溫度一致時，一邊攪拌油脂，一邊慢慢倒入❷。

❹ 皂液達到trace後加入精油，繼續攪拌均勻。

❺ 加入罌粟籽和皂屑後稍微攪拌即可入模。

❻ 保溫24小時。脫膜後切割，靜置四週熟成。

※ 不加罌粟籽和皂屑也可以。

紅蘿蔔汁
新鮮紅蘿蔔削皮後切小塊，用果汁機打成汁，再用棉布過濾。

深秋長夜白酒皂

秋天是沉思的季節。
用這塊豐富滋潤的皂，享受瀰漫酒香的沐浴時光。

〔皂款〕基本款
〔膚質〕乾燥肌

材料

▪▪▪▪▪▪▪▪

- ◆ 純淨橄欖油……170g
- ◆ 米糠油……75g
- ◆ 高亞油酸葵花油……75g
- ◆ 椰子油……90g
- ◆ 棕櫚油……90g

- ◆ 氫氧化鈉……65g
- ◆ 冷的白酒濃縮液……175cc
  （白酒300cc用小火加熱，
  讓酒精成分揮發，取白酒
  88cc加入純水87cc）

- ◆ 薰衣草精油……2cc
- ◆ 天竺葵精油……2cc
- ◆ 迷迭香精油……1cc
- ◆ 薄荷油……2cc

作法

▪▪▪▪▪▪▪▪

❶ 依照「基本步驟」。

❷ 鹼水不用純水來做，而是用白酒濃縮液來溶鹼。

❸ 油脂和❷的溫度一致時，一邊攪拌油脂，一邊慢慢倒入❷。

❹ 皂液達到trace後加入精油、薄荷油，繼續攪拌均勻。

❺ 入模。

❻ 保溫24小時。脫膜後切割，靜置四週熟成。

※要做出像照片一樣的「分層皂」，可參照第52頁。上面撒的是乾燥金盞花。

※製作前務必參照第88頁的「酒類入皂」説明。

POINT

製作白酒濃縮液時，加入2大匙乾燥香草類植物，做出來的皂香氣更濃郁。

豆漿皂

在喜歡的豆腐店買豆漿，加到皂裡。
做出來的皂泡沫滋潤無比。

〔皂款〕寶寶款
〔膚質〕乾燥肌
　　　　敏感肌

材料

- 酪梨油……150g
- 純淨橄欖油……115g
- 高亞油酸葵花油……50g
- 蓖麻油……50g
- 椰子油……75g
- 乳油木果脂……60g

- 氫氧化鈉……61g
- 精製水（純水）……100cc

- 豆漿（常溫）……60cc

- 皂屑……適量

- 乳香精油……2cc
- 檸檬精油……4cc
- 迷迭香精油……1cc

作法

1. 依照「基本步驟」。

2. 將溫度一致的鹼水和油脂混合攪拌。

3. 加入豆漿，攪拌至達到trace。

4. 加入精油，繼續攪拌均勻。

5. 加入皂屑，稍微攪拌一下使混合。

6. 入模。

7. 保溫24小時。脫膜後切割，靜置四週熟成。

生薑黑糖蜜洗髮皂

柔滑豐盈的泡沫中，
散發生薑與黑糖蜜的甜香。
每到深秋，就忍不住想做這款皂。

〔皂款〕洗髮款
〔用途〕洗髮

材料

- 純淨橄欖油……175g
- 米糠油……75g
- 蓖麻油……50g
- 椰子油……150g
- 棕櫚油……50g

- 氫氧化鈉……67g
- 精製水（純水）……175cc

- 生薑浸泡荷荷巴油……1大匙

- 黑糖蜜……2小匙

- 罌粟籽……少許

作法

1. 依照「基本步驟」，攪拌至達到trace。

2. 加入生薑浸泡荷荷巴油，攪拌均勻。

3. 把皂液分為兩份。

   → A：1杓。

   → B：剩下的皂液。

4. 在B中加入黑糖蜜，攪拌均勻。

5. 將大約一半分量的B入模。

6. 將A用湯匙入模鋪在 5 上。

7. 將剩下一半分量的B用湯匙入模，鋪在 6 上。

   （漸層）

8. 在上面撒上罌粟籽裝飾。

9. 保溫24小時。脫膜後切割，靜置四週熟成。

＊「漸層」參照第52頁。
＊加入罌粟籽會有去角質的效果，不喜歡的話也可以不加。

生薑浸泡荷荷巴油

散發甜香的浸泡油。做成洗髮皂可改善頭皮血液循環，有生髮效果。參照第106頁。

廚房皂

廚房專用的皂,
有足夠硬度和豐富的泡沫。
加入去污力強的檸檬精油,
讓碗盤和和爐台都能洗得清潔溜溜。

〔皂款〕家事款
〔用途〕清洗餐具
　　　　掃除

材料

- 棕櫚油……250g
- 椰子油……200g
- 蓖麻油……50g

- 氫氧化鈉……74g
- 精製水（純水）……190cc

- 檸檬精油……7cc
- 茶樹精油……4cc

作法

1. 依照「基本步驟」，攪拌至皂液達到trace。
2. 加入精油，繼續攪拌均勻。
3. 入模。
4. 保溫24小時。脫膜後切割，靜置四週熟成。

※這款皂質地非常硬，保溫後要趁皂還軟時脫膜、切塊。

小｜蘇｜打｜清｜潔｜精

用來清洗餐具，或是去除抽油煙機、瓦斯爐等處的頑強污垢。

材料　約100cc

- 皂屑……20g
- 精製水（純水）……50cc
- 小蘇打……1杯
- 醋……15cc
- 甜橙精油
  （或檸檬精油）……3滴
- 茶樹精油……3滴

＊沒有精油的話不加也無妨。

作法

1 在耐熱容器中加入用刨刀等削碎的皂屑，以及加熱的純水，蓋上蓋子。放進保溫箱靜待溶解成凝膠狀。

2 在 1 的皂糊裡加入小蘇打，混合均勻。

3 再加入醋，混合均勻。

4 加入精油再混合均勻。

5 放進瓶子或保鮮盒等密閉容器中。

＊兩週內要使用完。

薄｜荷｜清｜潔｜醋

水槽、洗手台、馬桶周圍的水垢一舉亮晶晶！

材料　約100cc

* 醋……30cc
* 自來水……70cc
* 薄荷油……10滴

作法

1. 在使用消毒用酒精殺菌過的容器裡，加入醋和薄荷油，混合均勻。

2. 加入自來水，混合均勻。

＊一星期內要使用完。

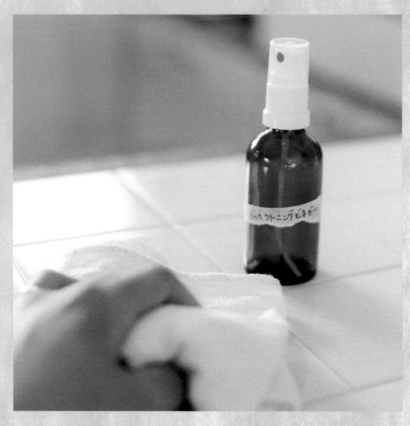

⚠ ＊和漂白水等含氯清潔劑一起使用有危險性，要避免。
　＊使用於大理石、鐵、鋁等材質上可能會導致劣化。

POINT

柑橘類的外
皮含有去油
污的成分。

橘｜皮｜清｜潔｜劑

橘皮或檸檬皮再利用，製作清潔劑。

材料
....

◆ 橘子皮（或檸檬、葡萄柚等柑橘類的外皮皆可）……適量
◆ 燒酒（蒸餾酒）……適量

作法
....

➊ 把橘子皮撕成小塊，放在篩子上經過三天左右的日曬。

➋ 把曬得乾癟的橘子皮放入經過煮沸消毒的瓶子裡，倒入蒸餾酒淹過橘子皮。

➌ 放在陰涼處靜置三天左右，讓成分溶出。

➍ 用咖啡濾紙等濾掉➌中的橘子皮，移到另一個容器中。

＊常溫下可保存約半年。
＊可以先在不醒目的地方試試看會不會造成油漬後再使用。

布│類│除│臭│噴│劑

用來清除窗簾、毛毯、椅墊上的細菌。

材料　　約100cc

- 精製水（純水）……50cc
- 無水酒精……50cc
- 小蘇打……1/3小匙
- 茶樹精油……10滴
- 天竺葵精油……5滴
- 薄荷油……5滴

作法

1 把無水酒精和精油、薄荷油倒入經過消毒用酒精殺菌消毒的容器中，充分混合。

2 倒入純水後用力搖晃，讓溶液混合。

3 加入小蘇打用力搖晃，讓溶液混合。

＊常溫下可保存一個月。
＊朝不方便清洗的布類製品噴灑之後等待自然乾燥。

COLUMN 3
酒精入皂小訣竅

皂中加入葡萄酒、日本酒，都能讓皂洗起來更綿密滋潤。
由於這類酒的酒精濃度在14～18％，直接和氫氧化鈉混合的話，
會產生強烈的化學反應，非常危險。
鹼水有時候還會從容器中滿溢出來。
此外，和油脂混合時可能很快就進入trace，
建議最好早點準備好精油和模具。

作法

① 把酒（葡萄酒或日本酒）倒入鍋子裡，加熱讓
　 酒精成分揮發。

＊先用中火煮到滾，然後用小火加熱大約15分鐘，
　 讓酒精成分慢慢揮發。

＊一直加熱到感覺「酒精氣味變淡」為止。

② 放涼之後放進冰箱冷藏一晚（超過3小時）。

③ 加入製皂所需量一半的純水來稀釋。

＊例如若需要的水量為175cc，就用一半的酒液，一
　 半純水。

④ 一點一點慢慢把氫氧化鈉加入 ③ 的酒液中，
　 製作鹼水。

⚠ ＊入門者在溶鹼時一定要把容器放進一只大盆後
　　 再操作。

　 ＊不要一加入氫氧化鈉就攪拌，先等到出現反應
　　 之後再進行。

　 ＊當溶液變成橙色，或是發出魚腥味，要先等到
　　 反應平緩下來，然後再慢慢將氫氧化鈉一點一
　　 點加入，攪拌溶解。

冬季皂方

冬季是一年結束和起始的再生季節。

準備足夠的冬皂，

為肌膚和心靈帶來溫暖，

為新的一年做準備。

日本酒皂

每年一入冬一定要做的日本酒皂。

一想到今年要做什麼樣的皂，就忍不住心中雀躍。

這是帶有甜甜米麴香，以及豐盈泡沫的一款奢華手工皂。

〔皂款〕基本款

〔膚質〕乾燥肌

材料
▴▴▴▴▴▴▴▴

◆ 純淨橄欖油……170g

◆ 米糠油……75g

◆ 高亞油酸葵花油……75g

◆ 椰子油……90g

◆ 棕櫚油……90g

◆ 氫氧化鈉……65g

◆ 冷日本酒濃縮液……175cc
　　◇ 揮發掉酒精的日本酒……88cc
　　◇ 精製水（純水）……87cc

作法
▴▴▴▴▴▴▴▴

① 依照「基本步驟」。

② 不用純水而用日本酒濃縮液來溶鹼。

③ 油脂和②的溫度一致時，用攪拌器攪拌油脂，然後慢慢倒入②混合。

④ 攪拌至達到trace。

⑤ 保溫24小時。脫膜後切割，靜置四週熟成。

※務必要先參閱第88頁的「酒精入皂小訣竅」。

POINT

※自古就流傳一種說法，「在酒廠工作的釀酒師，手都很白」。日本酒含有酵母、維他命、胺基酸等，已經證實具有美白與美容效果。製作出來的皂色基本上是褐色，但根據品牌的不同，有些也會呈白色。

※嘗試以各種酒廠的日本酒來製皂，會有另一番樂趣。

酒粕皂

每年在釀日本酒的時期我一定會取得一些酒粕，
用來製作這款基本冬皂。
在富含黏性、豐盈的泡沫中散發酒粕的甜香。
是一款滋潤肌膚，最受歡迎的皂。

〔皂款〕彈性款
〔膚質〕敏感肌
　　　　一般肌
　　　　乾燥肌

材料
˄˄˄˄˄˄˄

◆ 白芝麻油⋯⋯300g

◆ 米糠油⋯⋯50g

◆ 椰子油⋯⋯75g

◆ 棕櫚油⋯⋯75g

◆ 氫氧化鈉⋯⋯64g

◆ 精製水（純水）⋯⋯120cc

◆ 酒粕糊⋯⋯60cc

◆ 玫瑰礦泥糊

　◇ 玫瑰礦泥⋯⋯1小匙

　◇ 純水⋯⋯1大匙

（參照第39頁）

作法
˄˄˄˄˄˄˄˄

① 依照「基本步驟」。

② 將鹼水冰鎮，讓溫度下降到40℃以下。

③ 將酒粕糊加入②中，充分攪拌均勻，再讓溫度下降到40℃以下。

④ 油脂和③的溫度一致時，用攪拌器攪拌油脂，然後慢慢倒入③混合。

⑤ 攪拌至達到trace後，加入1/2小匙的玫瑰礦泥糊，攪拌均勻後入模。

⑥ 保溫24小時。脫膜後切割，靜置四週熟成。

※ 務必請先參閱第88頁的「酒精入皂小訣竅」。

酒粕糊

◆ 酒粕⋯⋯30g　　◆ 純水⋯⋯70cc

① 把純水倒進鍋子裡，加入搗散的酒粕。

② 靜置一晚，讓酒粕吸水。

③ 用小火加熱②約5分鐘。

④ 冷卻後用果汁機打成泥狀。

柚子米糠皂

加入滋潤米糠的皂，有天然去角質的效果。
另外還添加了淡淡香氣的柚皮粉，
盡情享受冬天溫暖的沐浴時光。

〔皂款〕基本款
〔膚質〕乾燥肌

材料

- 純淨橄欖油……170g
- 米糠油……75g
- 高亞油酸葵花油……75g
- 椰子油……90g
- 棕櫚油……90g

- 氫氧化鈉……65g
- 精製水（純水）……175cc

- 米糠……1/2小匙
- 柚皮粉……1小匙

作法
----

① 依照「基本步驟」，攪拌至皂液達到 trace。

② 舀1杓皂液到另一只調理盆中，加入米糠和柚皮粉後攪拌均勻。

③ 將①倒回原本的皂液裡，攪拌均勻。

④ 入模。

⑤ 保溫24小時。脫膜後切割，靜置四週熟成。

酪梨果肉皂

將酪梨果肉直接加到皂中，
由於含有非常優質的脂肪，
可以做出使用起來感覺醇厚的皂。
這次嘗試在皂上捲上麻繩，
做成吊繩皂。

〔皂款〕寶寶款
〔膚質〕乾燥肌
敏感肌

材料

- 酪梨油……150g
- 純淨橄欖油……115g
- 高亞油酸葵花油……50g
- 蓖麻油……50g
- 椰子油……75g
- 乳油木果脂……60g

- 酪梨泥……1又1/2大匙

- 氫氧化鈉……61g
- 精製水（純水）……160cc

- 迷迭香精油……1cc
- 乳香精油……2cc
- 檸檬精油……3.5cc

作法

① 依照「基本步驟」，攪拌至皂液達到trace。

② 舀1杓皂液倒入另一只調理盆，加入酪梨泥攪拌均勻。

③ 將②倒回原本的調理盆中，攪拌均勻。

④ 加入精油後充分攪拌均勻。

⑤ 入模。

⑥ 保溫24小時。脫膜後切割，靜置四週熟成。

＊**吊繩皂**：脫膜後立刻用戴上手套的手，將還很軟的皂穿上繩子或麻繩，捏成圓球狀。

酪梨泥
將成熟的酪梨果肉用食物處理機打成泥。

南國椰奶香皂

樹枝快凍僵，
身體不停發冷的季節。
在家中的浴室裡，
用能感受到南國風情的皂，
充分滋潤身心。

〔皂款〕基本款
〔膚質〕乾燥肌

材料

- 純淨橄欖油……170g
- 米糠油……75g
- 高亞油酸葵花油……75g
- 椰子油……90g
- 紅棕櫚油……90g

- 氫氧化鈉……65g
- 精製水（純水）……115cc

- 隔水加熱溶開的椰奶……60cc

- 花朵造型皂……適量

- 乳香精油……1cc
- 甜橙精油……4cc
- 天竺葵精油……2cc

作法

① 依照「基本步驟」。

② 鹼水和油脂的溫度一致時混合。

③ 加入椰奶，攪拌至皂液達到trace。

④ 加入精油充分攪拌。

⑤ 入模。

⑥ 把花朵造型皂插在最上方當作裝飾。

⑦ 保溫24小時。脫膜後切割，靜置四週熟成。

POINT

要做成適合夏天出遊用的皂，建議可改成「彈性款」。不過，更換皂款還是可以使用紅棕櫚油。

草莓天然酵母皂

忍住想吃的慾望，
慢慢醞釀的草莓天然酵母。
這款令人想收藏的皂，
有著甜香綿密的泡沫，充滿驚喜。

〔皂款〕基本款
〔膚質〕乾燥肌

材料

* 純淨橄欖油……170g
* 米糠油……75g
* 高亞油酸葵花油……75g
* 椰子油……90g
* 棕櫚油……90g

* 氫氧化鈉……65g
* 草莓天然酵母濃縮液……175cc

* 玫瑰礦泥糊
  ◇ 玫瑰礦泥……1小匙
  ◇ 精製水（純水）……1大匙
  （參照第39頁）

* 罌粟籽……少許

作法

1. 依照「基本步驟」。
2. 不用純水溶鹼，改用草莓天然酵母濃縮液。
3. 油脂和 ② 的溫度一致時，用攪拌器攪拌油脂，然後慢慢倒入 ② 混合。
4. 攪拌至達到trace。
5. 把皂液分到兩只調理盆。

   → A：3杓。

   → B：剩下的皂液。
6. 將B入模。
7. 在A中加入1/2小匙的玫瑰礦泥糊染色，再加入少許罌粟籽混合，用湯匙在 ⑥ 的上方入模。（漸層）
8. 保溫24小時。脫膜後切割，靜置四週熟成。

＊「漸層」參照第52頁。

草莓天然酵母

1. 草莓去蒂洗乾淨，擦乾水分。
2. 把草莓放進經過煮沸消毒的瓶子（旋轉式瓶蓋）裡，倒入可蓋過草莓的自來水後，把瓶蓋旋緊。
3. 放置在溫暖的地方三～四天，每天搖晃一次瓶子，並打開瓶蓋讓空氣流入。
4. 等到開始出現氣泡，並發出酒精氣味時，就表示已經發酵。

火｜岩｜泥｜&｜牛｜奶｜浴｜鹽

只要在天然鹽裡加入材料混合即可完成簡單的浴鹽。

材料

◆ 天然粗鹽……2大匙

◆ 火岩泥或椰奶粉……1大匙

◆ 喜愛的精油……3〜6滴

作法

① 依照材料列出的分量,將天然粗鹽和粉類原料混合。

② 加入喜愛的精油,充分攪拌。

＊加到熱水溶解後,火岩泥的感覺清爽,椰奶比較滋潤。

洋│甘│菊│&│玫│瑰│果│浴│鹽

在天然鹽中加入香草功效的特殊浴鹽。

材料  兩次份

◆ 天然鹽（粗鹽）……1/2杯（100cc）
◆ 精油……12滴

◆ 洋甘菊茶或玫瑰果茶……25cc
  ○ 切碎的香草……3g
  ○ 熱水……40cc

作法

① 在預熱過的茶壺裡放入切碎的香草，再倒入熱水（95度以上）。

② 蓋上壺蓋，靜置到稍微降溫。

③ 把天然鹽倒入平底鍋裡，用小火加熱約10～15秒。

④ 將過濾後的香草茶液5cc（1/5的量）淋在鹽上。

⑤ 用小火加熱幾秒鐘，讓水分蒸發。

⑥ 重複④、⑤兩個步驟五次，讓水分在短時間蒸發。

⑦ 把平底鍋從爐子上移開，靜置冷卻。

⑧ 把鹽放進玻璃瓶裡，加入精油後充分攪拌。

＊常溫下可保存一個月。

＊覺得皮膚乾癢時，可使用淡黃色的洋甘菊浴鹽；感覺疲勞時則適合使用紫紅色的
玫瑰果浴鹽。

⚠ 一次泡澡使用的分量為3大匙。為了避免刺激，注意不要超過用量。

米｜糠｜&｜酒｜粕｜泡｜澡｜粉

只要把材料放進紗布袋裡，丟進浴缸就行了！

材料

....

◆ 酒粕或米糠……3大匙

作法

....

① 把材料裝進紗布袋。

② 丟進浴缸裡，泡澡時一邊搓揉①。

親手製作自己喜歡的泡澡劑，
寒冬也可以過得暖呼呼。
使用後記得要用清水洗淨浴缸，
才不會受損。

生 | 薑 | 沐 | 浴 | 油

按摩虛冷的身體，讓身體變得熱呼呼的沐浴油。

材料  約40cc

* 生薑……2塊左右
* 荷荷巴油……60cc

＊也可以直接使用市售的乾薑。

作法

① 生薑連皮切成薄片，放在篩子上日曬三天。

② 將曬乾的生薑10g和荷荷巴油放進不銹鋼盆，以即將沸騰的火候隔水加熱約1小時。

③ 待冷卻後用咖啡濾紙濾掉乾薑後，把沐浴油倒入瓶子裡。

＊常溫下可保存三個月左右。
＊當作沐浴油使用的話，每次使用分量約為1小匙（5cc）。

柚｜子｜蜂｜蜜｜泡｜泡｜球

製作簡單的泡澡球，看著丟進浴缸裡咻咻溶解的模樣好有趣。

材料  一次份

- ◆ 小蘇打……4又1/2大匙
- ◆ 天然鹽……1又1/2大匙
- ◆ 柚皮粉……1小匙
- ◆ 檸檬酸……1又1/2大匙
- ◆ 蜂蜜（液體狀）……1/2小匙

＊可以直接使用市售品，也可將柚子皮曬乾後用果汁機絞碎使用。
＊不能使用蜂蜜的話，也可以使用無水酒精。

作法

1. 把小蘇打、鹽和柚皮粉裝進塑膠袋裡，充分混合。
2. 把蜂蜜倒入 1 的正中央。
3. 讓塑膠袋中充滿空氣，一手抓住塑膠袋口，另一手則從袋子外側搓揉，讓袋內的材料混合均勻。
4. 加入檸檬酸後繼續攪拌。
5. 所有材料混合均勻後，直接從塑膠袋外用雙手將材料捏成圓球狀，捏緊之後即完成。

＊要加精油的話以6滴為限，在步驟 2 之後，加到蜂蜜裡。
＊泡泡球捏好後需靜置半天～一天，才會完全變硬。溼度高的時候還可能膨脹，多點耐心等待，自然而然會變硬。

製作手工皂的注意事項及訣竅

只要是常做手工皂的人，都需要注意到這些現象與訣竅。
了解這些基本的製皂用詞，
遇到狀況就不會慌張，「這是什麼」或「該怎麼辦」。

氧化
皂在高溫或光線下加速氧化。
當表面出現褐色斑點，或是整塊皂變得黏糊糊，就是氧化的徵兆。出現這個狀況的話，就不能再用來清潔肌膚。

果凍化
在高溫保溫下促進皂化反應，最後變成帶點透明的果凍皂。（圖左皂）
容易起泡，硬度也夠，使用起來比其他皂來得溫和。缺點的話則是使用玫瑰礦泥等染色時，粉紅色會變得混濁。

超脂（Super Fat，簡稱SF）
當皂液呈現trace，在入模前加入像是荷荷巴油或是融化的乳油木果脂，用攪拌器充分攪拌。過多的油脂可為肌膚帶來保溼效果。

白灰（Soda Ash）

如果保溫不完全，沒有皂化的氫氧化鈉會
和空氣中的二氧化碳作用，變成外表像粉
筆灰般的碳酸鈉鹽。

皂液溫度下降得快，或是容易和空氣作用
的皂，表面都會常出現白灰。

這樣的皂雖然洗起來不容易起泡，外觀也
不好看，但實際上沒有壞處。

冬天打皂，等到出現trace時，經常皂液
的溫度已經降低。降溫的皂液直接入模的
話，也會出現白灰。這種狀況下可以將整
個調理盆以隔水方式加熱。

製作漸層等複雜的圖案時，建議先行加熱
以預防白灰產生。

表面的水滴

有時候完成保溫後，看看皂的表面會「冒
汗」的現象。用面紙之類輕輕擦拭掉即
可。

歡迎來到石鹼工房
HonoBono-Lab

上課前，
教室裡充滿了
緊張的感覺與
寧靜的氣氛。

石鹼工房HonoBono-Lab，位於福岡郊外一棟屋齡五十年的公寓內。由於緊鄰西鐵電車軌道旁，不時會傳來晃動。在這個懷舊卻可愛的小空間裡，開設了這間教室，製作起生活中不可或缺的手工皂。

這間教室除了開設學習原創皂方的手工皂製作，也就是「Lab課程」外，其他還有因應季節主題，從製作手工皂到甜點的「One day課程」。

「Lab課程」是固定的班級，加上課程時間長，學生們相處融洽，感情非常好。在平常的課題以及製作畢業作品時，學生們經常會設計出精彩皂方。每回不但能期待大家的成長，也帶給我新的刺激。

至於「One day課程」中，有個「酒粕會」的特別課程。每年冬天「天吹酒造」榨日本酒的時期，我會特別取得酒粕來開這堂課。

先喝杯用酒粕做的甜酒暖暖身子，接下來再製作「酒粕皂」，用酒粕泡澡劑享受一下浸泡雙手的舒適，最後在享用過酒粕蛋糕之後，為課程劃下完美句點。

Hono喜愛的工具

使用廚房裡現有的器具就能製作出手工皂，
稍微再講究一點的話，就能變化出更特別的皂。
這些都是我個人愛用的器具。

壓克力模具〔Cafe de Savon〕

可以做出外型方正的漂亮手工皂，
而且可重複使用。

攪拌器和不銹鋼調理盆〔23cm 柳宗理〕

攪拌器的握把握起來很順手，長時間攪拌也不
費力。和深度較深的調理盆搭配使用，相得益
彰，打起皂來特別有共鳴。

指針式溫溼度計〔DRETEC〕

製作手工皂少不了溫度管理。每天早上我一
進到教室，第一件事就是檢查溫溼度計。控
制好室溫、溼度之後才開始作業。這款溫溼
度計的簡單設計深得我心。

玻璃燒杯〔20ml & 300ml PYREX〕

20ml的是用來裝精油用，300ml是用來裝純水。用起來就像在自然課做實驗一樣，覺得幹勁十足。

切皂器＆線刀〔AnnieSchilder〕

有刻度的切皂器，可以一片片切得工整，感覺很痛快。平常放著也像是裝飾品，簡約的設計令人著迷。

手工皂乾燥箱·架子·保溫箱

這是請我上課的麵包教室老師夫婦幫我特製的架子和盒子。皂脫膜之後，就放進盒子裡收到架上，乾燥之後放在作業台上切片、塑型。一連串作業可以流暢進行。這套箱具在外型上很美觀。保麗龍盒也配合室內色調，塗成米色。

Hono喜愛的材料

日本酒、沙拉油、芝麻油，還有鹽……。
如同好食材能做出美味料理，好的材料也能做出最棒的手工皂。

日本酒〔天吹酒造〕

使用花酵母釀製，洋溢著吟釀香氣的日本酒。製作
出充滿高雅氣味的手工皂，使用起來宛如置身天
堂。用日本酒製皂一般來說會讓皂變成褐色，但使
用「天吹」的酒就不會有變色的現象。

酒粕〔天吹酒造〕

帶著優雅甜味絕佳香氣的米麴，製作出的手工皂泡沫豐富有彈性，是其他手
工皂無可比擬的。很可惜的是，天吹酒造的酒粕都會使用在二次蒸餾上，並
沒有分裝到市面上銷售。HonoBono-Lab只有在每年製作冬酒時期有幸分得
一小部分來製作手工皂。

榛果油〔uileries de Lapalisse ／金田油店〕

榛果的香氣迷人。可以製作出豐醇、滋潤，使用起
來有奢華感的手工皂。

米沙拉油〔BOSO／金田油店〕

除了trace時間恰到好處之外，還有價格便宜及容量
大的優點。

椰子油‧棕櫚油‧蓖麻油〔Cafe de Savon〕

Cafe de Savon的自有品牌商品。整瓶直接隔水加熱，瓶子也不易溶解。另外，每瓶附有更換的瓶嘴，考慮到每種油脂不同的黏度，計量時更方便。

Sale íntegrale grossox
〔（粗鹽）1kg MOTHIA／CALDI COFFEE FARM〕

大顆粒的天然海鹽，用來製作浴鹽時可營造高級感。價格便宜且容量大。

玫瑰果粉〔志立／CALDI COFFEE FARM〕

微粒子的玫瑰果粉，也可以拿來沖茶喝。

白芝麻油〔丸本〕

可在一般超市以合理的價格購得。製作「彈性款」手工皂時，一次用完300g剛剛好。

雪鹽

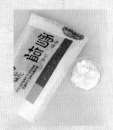

產自日本沖繩縣宮古島的鹽。如雪一般的細顆粒，在皂液裡容易混合。也可以用來製作泡泡球。

本書使用的精油

精油是將植物中有效成分濃縮而成的天然香氣。
本書中用在作皂及其他製品的精油共有8種。

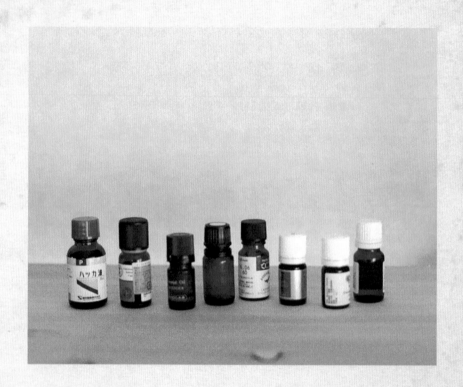

⚠ **使用時的注意事項**

＊存放在冷爽陰暗的地方，開封後在半年到一年內要用完。
　在高溫下有些精油的有效成分會變質，成為有害物質。
＊孕婦或未滿三歲的嬰幼兒不宜使用。
＊純精油不可直接接觸肌膚。萬一不小心沾到身體，要盡快用大量清水沖洗。
＊要遵照書中標示的分量使用。有些精油的濃度太高可能會刺激皮膚。
＊敏感性肌膚的人有時要避免使用。

甜橙

柑橘調的清香。具有護髮的效果，對抗油污也很有效。開瓶後可使用半年。

天竺葵

類似玫瑰的花香調。在預防皺紋、斑點等護膚上效果絕佳。另外含有蚊子不喜歡的成分，也可用來驅蚊。

茶樹

辛辣清香的氣味。具有非常好的殺菌作用，使用範圍廣泛，從預防感冒到居家掃除都可使用。

薄荷油

日本薄荷的特色就是在清新芳香中還帶點甜味。和其他精油搭配下，可散發高雅的香氣。有抗菌、除蟲的效果。

乳香

接近檸檬又帶點木質的甜香。自古就被稱為「回春精油」，具有肌膚抗老的效果。

薰衣草

香甜花香調。從護膚到護髮都能用，是一款萬能精油。有很好的舒壓效果，和其他精油也容易搭配。

檸檬

能提振心情的香氣。去污力強。由於有光毒反應，剛使用後記得不要曬太陽。開瓶後可使用半年。

迷迭香

讓頭腦清醒的香氣。適合用於護髮，預防老化及落髮。此外也有護膚效果。不要使用刺激性太強的樟腦迷迭香。

本書使用的油脂

本書中的6大皂款使用的油脂有11種。

考量到每種油脂做成皂後的起泡程度、硬度，對肌膚的效用後，

可再組合成一款均衡的皂方。

酪梨油

含有豐富油酸（屬不飽和脂肪酸）及多種維他命，適合製作具有保溼效果、適用乾燥肌膚的手工皂。本書使用的是未精製的酪梨油。製成的皂能產生細緻且持續的泡沫，洗起來感覺清爽。

椰子油

讓手工皂容易起泡，增加硬度。熔點高，只要溫度降至25度以下就會開始變硬。使用時須先隔水加熱。

米糠油

製作的手工皂容易起泡，洗起來清爽卻讓肌膚有滑順感。米糠油的品質會因廠牌而參差不齊，達到trace的時間（從5分鐘到40分鐘）也不同。

乳油木果脂

製作硬度高，不容易溶解的手工皂。本書中使用的是精製過的乳油木果脂。在肌膚上可形成一層保護膜，帶來滋潤，另外還有防止紫外線的效果。建議也可在達到trace後、入模之前，加入1大匙左右（以超脂的方式）。

白芝麻油

含有豐富亞油酸，製成的手工皂會產生細緻有彈性的泡沫，洗起來感覺清爽。由於含有大量抗氧化的芝麻素，製成的手工皂不容易氧化。

棕櫚油

製作出硬度高、不容易溶解的手工皂。和椰子油一樣熔點比較高，變硬的話要先經過隔水加熱融化後再使用。

高亞油酸葵花油

含有豐富亞油酸，對肌膚的刺激小，製成的手工皂泡沫細緻豐盈。

蓖麻油

製作的手工皂泡沫具黏性，皂體則較軟，很容易碎裂或溶化。

純淨橄欖油

含有豐富油酸，可以製作出適合乾燥肌膚的高保溼手工皂。橄欖油另外還有Extra Virgin（初榨）及Pomace（橄欖粕油）等其他等級。本書中使用的是pure級（純淨級）。

榛果油

製作出保溼力高、適合乾燥肌膚的手工皂。泡沫綿密，用起來有奢華感。品質會因廠牌而參差不齊，製成的皂色（從白色到米色）、使用的感覺，以及達到trace的時間都不同。

紅棕櫚油

未精製的棕櫚油。含有大量具備修復肌膚功效的 β 胡蘿蔔素，可以用來製作出橙色的皂。

本書使用的添加物

本書使用的添加物共有27種。

洋甘菊
....

具有消炎、抗過敏效果的香草植物，另外也有讓髮色變清亮的作用。直接加到皂液裡雖然不會變色，但是這樣很容易發霉，建議切碎後再加入皂液中。或可以使用茶包。

金盞花
....

富含修復肌膚作用的 β 胡蘿蔔素。是加入皂中也不會變色的香草植物。

火岩泥
....

摩洛哥女性喜愛用來美容的黏土，含有豐富的礦物質，可以吸附皮脂以及毛孔內的髒污。

檸檬酸
....

含有酸性成分的顆粒。一般市面上看到清掃用的並不適合拿來製作泡澡粉，建議使用食用級產品。

黑糖蜜
....

在肌膚外層形成自然的保護膜，洗起來感覺滋潤。

罐裝椰奶・椰奶粉
....

含有豐富乳脂肪，可製作出帶有甜香、保溼性佳的手工皂。奶粉雖然含有較多乳脂肪成分，但皂在熟成之後只會留下極淡的香味。

米糠
....

米糠的油脂可為皂增添豐富的保溼力，不過會有磨砂的效果，使用時要酌量。

昆布粉

把一片10cm左右的昆布用乾布擦拭後，以微波爐加熱乾燥。接著用食物處理機或果汁機打成粉。可製作出用起來滑膩的手工皂。也可以使用市售品。

酒粕

用來製皂會讓手工皂使用起來有滑潤的特殊感覺。用來製作泡澡粉，會讓肌膚變得白嫩光滑。每年到了釀造日本酒的季節（12月～2月），可以到酒莊或賣酒的商店購買小包裝。

鹽

增加手工皂的硬度，而且能產生更豐富的泡沫，洗起來很清爽。製作成沐浴鹽使用，富含的礦物質能促進自然排汗。

消毒用酒精

自製保養品時用來消毒容器。具有可燃性，使用時要留意。一般在藥房就能買到。

植物性甘油

主要用在自製保養品上，可以提高保溼力。藥房販售的大多是石化製品，建議到香氛用品專賣店或網路上選購。

小蘇打

碳酸氫鈉俗稱小蘇打。一般市面上看到清掃用的並不適合拿來製作泡澡粉，建議使用食用級產品。

醋

製作酸性潤髮水或噴劑時，建議使用氣味比較淡的檸檬醋或白酒醋。

竹炭粉

富含礦物質，能夠吸附皮脂及毛孔髒污，另外也有除臭效果。加到皂中會讓手工皂變得容易碎裂、溶化。

日本酒

能製作出保溼力非常好，泡沫富黏性的手工皂。製皂時會呈現褐色、米色或白色，因品牌而有差異。

馬油

含有促進肌膚再生的棕櫚油酸，適合乾燥的肌膚。

蜂蜜

能製作出容易起泡且洗來感覺滋潤的手工皂。也有讓髮色變得清亮的效果。另外具有消炎作用以及高保溼力，也可以加在化妝水裡。

荷荷巴油

從荷荷巴種籽榨出來的油。在入模前加入皂液中可以增添豐潤感。由於肌膚容易吸收，也可應用在日常的肌膚保養上。

燒酒（蒸餾酒）

酒精濃度35度左右的蒸餾酒。因為沒有太強烈的氣味，很適合用來浸泡香草植物或藥草。

蜜蠟

從蜂巢採集的天然蠟。有很強的修復力，可以保護肌膚。

綠茶

含有水溶性兒茶素、葉綠素、皂素、脂溶性維他命及胡蘿蔔素。製成浸泡油加到皂液裡，可呈現漂亮的綠色。

無水酒精

不含水的100％酒精。可用來製作噴劑。具有可燃性，使用時要留意。一般在藥房就能買到。

柚皮粉

柚子皮乾燥後磨成的粉末。

艾草粉

具有非常好的消炎、抗菌作用，對肌膚乾燥、溼疹、異位性皮膚炎都很有幫助。

玫瑰礦泥

雖然效果不如火岩泥，還是具有良好的去污力。通常多用來將手工皂染上粉紅色。

玫瑰果粉（微粒子）

含有豐富維他命C，帶有酸甜香氣的紫紅色香草植物。具有自然的磨砂效果。製皂時建議使用微粒子狀的。

葡萄酒

白的會比紅的香氣濃郁。加在皂液中會呈現褐色～米色。

CARE 69

四季天然手工皂：
30多種天然素材，24款四季皂方，DIY專屬你的日本療癒系抗菌親膚皂
おうちでかんたん！暮らしの手づくり石鹼レシピ帖

作　　者 — Hono（石鹼工房 HonoBono-Lab）
譯　　者 — 葉韋利
主　　編 — 謝翠鈺
企　　劃 — 陳玟利
美術設計 — 江孟達
美術編輯 — SHRTING WU

董 事 長 — 趙政岷
出 版 者 — 時報文化出版企業股份有限公司
　　　　　108019台北市和平西路三段二四〇號七樓
　　　　　發行專線—（〇二）二三〇六六八四二
　　　　　讀者服務專線—〇八〇〇二三一七〇五・（〇二）二三〇四七一〇三
　　　　　讀者服務傳真—（〇二）二三〇四六八五八
　　　　　郵撥——九三四四七二四時報文化出版公司
　　　　　信箱——〇八九九　台北華江橋郵局第九九信箱
時報悅讀網 — http://www.readingtimes.com.tw
法律顧問 — 理律法律事務所 陳長文律師、李念祖律師
印　　刷 — 勁達印刷有限公司
二版一刷 — 二〇二二年八月十二日
定　　價 — 新台幣三八〇元
缺頁或破損的書，請寄回更換

時報文化出版公司成立於一九七五年，並於一九九九年股票上櫃公開發行，
於二〇〇八年脫離中時集團非屬旺中，以「尊重智慧與創意的文化事業」為信念。

四季天然手工皂：30多種天然素材,24款四季皂方,DIY專屬
你的日本療癒系抗菌親膚皂/Hono作；葉韋利譯. -- 二版.
-- 臺北市：時報文化出版企業股份有限公司, 2022.08
　面；　　公分. -- (CARE；69)
譯自：おうちでかんたん!暮らしの手づくり石鹼レシピ帖
ISBN 978-626-335-694-8(平裝)

1.CST: 肥皂

466.4　　　　　　　　　　　　　　　111010602

Kurashi no Tedsukuri Sekken Recipe Chou
Text Copyright © 2013 by Hono (Sekken Koubou HonoBono-Lab)
First Published in Japan in 2013 by Raichosha Ltd.
Complex Chinese Translation copyright © 2022 by China Times Publishing Company
through Future View Technology Ltd.
All rights reserved.

ISBN 978-626-335-694-8
Printed in Taiwan

四季天然手工皂‧回函抽好禮！

填寫回函即抽「香草工房幸福手作六入皂禮盒」乙盒，限量10份

沐浴皂禮盒：薄荷巧克力、薰衣草本、玫瑰花園、蘆薈舒懷、茉莉花園、金色時光（固定品項無法更替）

香草工房特調的植物油配方，使用具有優良滋養及修護力的植物油，提供肌膚活力與健康，能溫柔洗淨並淨化肌膚（價值：NT999元，保存期限：2024年6月）

♨香草工房

※請務必完整填寫、字跡工整，以便聯繫與贈品寄送。
※抽獎日期：2022/11/15，當周E-mail通知得獎者並同步在FACEBOOK「時報出版-深度悅讀線」
　粉絲團公布，請密切注意。

1. 您最喜歡本書的章節與原因？
_____
_____

2. 請問您在何處購買本書籍？
　□誠品書店　　　□金石堂書店　　□博客來網路書店　　□量販店
　□一般傳統書店　□其他網路書店　□其他_____

3. 請問您購買本書籍的原因？
　□喜歡主題　　　□喜歡封面　　　□價格優惠
　□喜愛作者　　　□工作需要　　　□實用　　　　□其他_____

4. 您從何處知道本書籍？
　□一般書店：_____　□網路書店：_____　□量販店：_____
　□報紙：_____　　□廣播：_____　　□電視：_____
　□網路媒體活動：_____　□朋友推薦　□其他：_____

【讀者資料】

姓名：_____　□先生　□小姐
年齡：_____　職業：_____
聯絡電話：（H）_____　（M）_____
地址：□□□_____
_____
E-mail：_____

注意事項：
★請將回函正本於 2022/10/31 前投遞寄回時報出版，不得影印使用。
★本公司保有活動辦法之權利，並有權選擇最終得獎者。
★贈品品項固定，無法更換，敬請見諒。
★若有其他疑問，請洽專線詢問：02-2306-6600#8245。
★更多注意事項，請參考「書腰摺口」

請由此剪裁

第六編輯部　生活線　收

10801 台北市萬華區和平西路三段 240 號 7 樓

時報文化出版企業股份有限公司

※ 請對折裝訂（請勿使用釘書機），無須貼郵票，直接投入郵筒即可。